TERRAIN TERTIAIRE

DANS LE JURA

PAR

LE FRÈRE OGÉRIEN

directeur des frères des Écoles Chrétiennes de Lons-le-Sannier,
membre de l'Institut des provinces de France,
de la Société géologique de France,
de plusieurs Académies et Sociétés savantes.

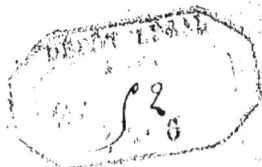

LONS LE-SAUNIER
IMPRIMERIE ET LITHÓGRAPHIE DE GAUTHIER FRÈRES

1866

TERRAIN TERTIAIRE

DANS LE JURA

Synon. T. Paléothérien (Cordier), T. de sédiment sup. (A): Brongniard), T. supercrétacé (Huot), Eocène, Miocène et Pliocène (Lyell), Sussonien, falunien et subapennin (d'Orbigny).

Le terrain tertiaire forme en général sur le Jura la grande plaine ondulée de la Bresse, qui occupe le cinquième de la surface départementale; il est recouvert par le terrain fluviatile récent le long des rivières seulement, et par des plaques de charriages diluviens, particulièrement dans la Bresse et le voisinage du vignoble; quelques faibles dépôts gréso-marneux le représentent dans la montagne. Limité supérieurement par le *limon jaune ou terre jaune de Bresse,* connue de tout le monde, ses limites inférieures échappent à notre étude, parce qu'elles demeurent cachées dans les profondeurs d'un sol peu accidenté, que de faibles ravins ne parviennent pas à mettre au jour. L'étude géologique de ce terrain est des plus difficiles, car les débris d'animaux y sont très-rares, mal conservés, les tranchées ou abruptes très-superficielles, en sorte que les données paléontologiques et statigraphiques doivent être remplacées par une investigation patiente et détaillée des moindres accidents topographiques, du creusement des puits, pour en tirer une étude sérieuse.

COUPES ET PUISSANCE

Dans nos nombreuses excursions sur la cuvette bressanne, nous avons recueilli plus de soixante coupes partielles dont les principales sont les suivantes :

N° 1. — Tranchée du chemin de fer après la gare de St-Amour en allant sur Bourg (droite).

TERRAIN RÉCENT.

Terre végétale 0m.50

TERRAIN DILUVIEN.

1° Limon jaune, argile ferrugineuse jaune . . . . 1 »

TERRAIN TERTIAIRE SUPÉRIEUR.

2° Conglomérat, argile siliceuse empâtant de nombreux et petits cailloux siliceux . . . . 1 »

A *reporter* 2m 50

Report	2m	50
3º Marne sableuse blanche	1	10
4º Argile jaune ferrugineuse . . .	1	80
5º Argile bleue à lignite	3	20
Total	8m	60

Nº 2. — Tranchée du chemin de fer à Paisia.

TERRAIN RÉCENT.

Terre végétale 0m 80

TERRAIN DILUVIEN.

1º Limon jaune, argile ferrugineuse à taches bleues 1 50

TERRAIN TERTIAIRE SUPÉRIEUR.

2º Conglomérat, cailloux impressionnés de molasse, encroûtés par une argile
blanche très-tenace 3 50

Total 5m 80

**Nº 3. — Tranchée du chemin de fer entre Vincelles
et Paisia.**

TERRAIN DILUVIEN.

Limon jaune, terre siliceuse jaune . 0m 25

A reporter 0m 25

Report . . . . 0^m 25

TERRAIN TERTIAIRE SUPÉRIEUR.

1° Sable silicéo - argileux, empâtant quelques cailloux impressionnés molassiques 6   50

2° Marne jaunâtre, siliceuse, non plastique 5   50

3° Conglomérat de nombreux cailloux roulés, empâtés dans une argile ferrugineuse avec débris de *mastodon augustidens* et *arvernensis* 6   »

Total . . . . 18^m 25

Les couches plongent du S-O au N-E, sous un angle de 20°.

N° 4. — Tranchée du chemin de fer à St-Amour, sous la ville.

TERRAIN RÉCENT.

Terre végétale brune . . . . . . 0^m 70

TERRAIN DILUVIEN.

1° Placard de nombreux silex arrondis   0   25

2° Limon jaune, argile rouge très-siliceuse 1   20

A reporter . . . . . 2^m 15

Report. . . . . 2^m 15

TERRAIN TERTIAIRE SUPÉRIEUR.

3° Sables gréseux blancs, bariolés de
brun 2 30
4° Marne ferrugineuse brune . . . 1 20
5° Argile bleuâtre ou jaunâtre et mince
couche de lignite. 0 30
6° Marne blanche, siliceuse, compacte 1 40
7° Argile bleue réfractaire, découverte
sur . . . . 3 »
                                    _____
            Total . . . . 10^m 35

N° 5. — Puits creusé à la gare de Cuiseaux.

TERRAIN TERTIAIRE SUPÉRIEUR.

1° Argile jaune, mêlée de conglomérats 1^m 20
2° Grès sableux 4 80
3° Argile grise, à lignites et à mastodontes 0 75
4° Marne bleue calcaire (voir l'analyse),
visible sur . . . . 6 »
                                    _____
            Total . . . . 12^m 75

N° 6. — Tranchée du chemin de fer près de Cousance, en allant à Saint-Amour (côté gauche).

TERRAIN RÉCENT.

Terre végétale . . . .   0^m 50

TERRAIN DILUVIEN.

1° Limon jaune, terre siliceuse rouge, avec nombreux silex presque tous crétacés, et dont quelques-uns présentent encore des traces de fossiles de la craie .   1   »

TERRAIN TERTIAIRE SUPÉRIEUR.

2° Conglomérat de cailloux molassiques impressionnés, arrondis, avec silex de la craie   1   50

3° Poudingue molassique avec silex de la craie du J¹ et molasse   1   40

4° Argile jaune très-siliceuse . . .   1   50

5° Marne siliceuse très-tenace, alternance de deux bancs blancs et d'un banc rougeâtre avec ossements de *mastodontes,* visible sur   6   »

Total . . . . . .   11^m 90

N° 7. — Coupe d'Orbagna, à l'exploitation de lignite.

TERRAIN RÉCENT.

Terre végétale . . . .   0^m 60

A reporter . . . . .   0^m 60

Report . . . . 0^m 60

TERRAIN TERTIAIRE SUPÉRIEUR.

1° Cailloux roulés, cimentés par une
argile ferrugineuse 0 50
2° Sable jaune siliceux . . . . . 1 »
3° Lignite noir en gros fragments, avec
*coquilles lacustres, Lymnœa, Paludina,
Planorbis* 1 30

Total . . . . 3^m 40

N° 8. — Puits creusé au Rollot, hameau de Chapelle-Voland.

TERRAIN DILUVIEN.

Limon jaune, criblé de greluches ferrugineuses,
ovoïdes, rugueuses, mêlées à du minerai en
grains . . . . 1^m 20

TERRAIN TERTIAIRE MOYEN.

1° Sable siliceux, miccacé, meuble . 2 50
2° Molasse tendre, à grands bancs, se
désagrégeant à l'air 3 25
3° Sable siliceux formant une molasse
assez dure avec empreintes ferrugineuses
confuses, et silex. 2 70
4° Molasse pulvérulente, bleuâtre et jaunâtre 2 50
5° Molasse assez dure, brune . . . 2 50

Total . . . . 14^m 65

N° 9. — Puits creusé à la ferme des Bois-d'Amont, hameau de Chapelle-Voland.

TERRAIN TERTIAIRE MOYEN.

1° Grès-molassique très-dur, s'effritant facilement à l'air 5m 50

2° Molasse sableuse, bleuâtre et jaunâtre, alternant avec des bancs de molasse tendre 2 75

TERRAIN TERTIAIRE INFÉRIEUR.

3° Argile bleue avec lignite assez abondant. 2 50

4° Argile blanche très-plastique . . 1 50

5° Sable siliceux très-fin, micacé . . 1 75

Total . . . . 14m »

N° 10. — Escarpement du pont de Neublans, en amont (rive gauche).

TERRAIN DILUVIEN.

1° Limon jaune, sable siliceux blanc, stratifié, avec infiltrations ferrugineuses; cailloux roulés . . . . 3m »

TERRAIN TERTIAIRE MOYEN.

2° Molasse blanche stratifiée, souvent sableuse par son exposition à l'air, avec plaquettes et empreintes ferrugino-siliceuses de fucus, et rares galets siliceux. 12 »

A reporter . . . . . 15m »

Report . . . . . . 15^m »

3° Sables siliceux fins 4 50

4° Sables caillouteux . . . . . 4 »

TERRAIN TERTIAIRE INFÉRIEUR.

5° Marne siliceuse, jaunâtre . . . 1 50

6° Argile verte et jaune . . . . . 1 »

7° Argile bleue et jaune 0 40

8° Banc de lignite en très-gros morceaux, avec fer sulfaté, bleu de Prusse et coquilles lacustres, *planorbes, lymnées* 0 50

9° Argile bleue, avec nombreuses taches de bleu de Prusse 0 35

10° Banc de lignite en petits fragments, bleu de Prusse et *ossements de palæotherium* 0 20

11° Argiles ferrugineuses et galets siliceux 0 70

Total . . . . 28^m 15

N° 11. — Escarpement entre Beauvoisin et le Doubs.

TERRAIN TERTIAIRE SUPÉRIEUR.

1° Argile jaune . . . . 1^m »

TERRAIN TERTIAIRE MOYEN.

2° Sable siliceux, jaune et bleuâtre . 2 50

3° Molasse à grains quartzeux brillants,

A Reporter . . . . . . 3^m 50

Report 3ᵐ 50

purs, très-micacés, sableux à l'air . . 6 »

4° Sable siliceux, aggloméré par places,
très-dur, formant molasse 1 20

TERRAIN TERTIAIRE INFÉRIEUR.

5° Argile blanche et mince couche de
lignite . . . . 2 »

6° Argile verte et lignite très-pyriteux,
en couches de 0ᵐ30 à *palæotherium* (argile baignée par le Doubs). . . . . 2 »

7° Argile bleue et banc de lignite de
0ᵐ70 d'épaisseur, avec bleu de Prusse
et *os de mammifères* . . . . . . 3 »

8° Argile bleue très-plastique, et çà et
là d'énormes troncs de lignites et ossements de mammifères . . . . . . 2 »

Total 19ᵐ 70

**Nº 13. — Coupe de la molasse marine
de St-Martin-de-Bavel.**

TERRAIN TERTIAIRE MOYEN.

1° Banc solide, à texture grossière,
pétri de grains de quartz, de silex et de
coquilles bivalves, d'*huîtres* surtout. . 6ᵐ »

2° Molasse tendre, grise, très-calcaire,
avec nombreux *pecten* 1 50

3° Molasse tendre, peu différente du

A Reporter 7ᵐ 50

Report 7ᵐ 50

nº 2, mais avec oursins, peignes et huîtres. . . . . 4 »

4º Grès argilo-calcaire, micacé, gris
bleuâtre, à polypier. . . . . . . 5 »

5º Grès très-grossier, blanc, ocreux,
avec *peignes* et *turitelles* . . . . . 2 »

6º Conglomérat de cailloux calcaires
avec ciment calcaire. . . . . . . 3 »

Total 21ᵐ 50

Nº 13.— Lieudit Mallavaux, commune d'Etrepigney.

TERRAIN TERTIAIRE SUPÉRIEUR.

1º Cailloux roulés, quartzeux, très-
nombreux, cimentés par une argile rouge
et des débris molassiques . . . . . 5ᵐ »

TERRAIN TERTIAIRE INFÉRIEUR.

2º Argile blanche et verte 0 75

3º Couche de lignite très-friable, en
gros morceaux 0 80

4º Argile verte très-plastique . . . 1 »

5º Argile plastique blanche, à poterie,
renfermant des grains de quartz nombreux, petits, anguleux, et des paillettes
de mica 1 50

6º Argile jaunâtre, très-plastique, sans
grains de quartz, à poterie . . . . 2 »

Total 11ᵐ 05

N° 14. — Puits pour l'extraction de la terre réfractaire à Etrepigney.

TERRAIN TERTIAIRE MOYEN.

1° Argile ferrugineuse très-rouge, durcie en béton, avec cailloux siliceux roulés et paillettes de mica. 3ᵐ 50

TERRAIN TERTIAIRE INFÉRIEUR.

2° Argile jaunâtre très-plastique, écailleuse, à poterie, analogue au n° 6 ci-dessous . . . . 1 »

3° Argile blanche, douce, très-fine, avec rares paillettes de mica, à poterie fine et artistique 1 50

4° Argile sableuse, jaunâtre, sèche, avec nombreuses paillettes de mica d'un blanc d'argent, des silex nectiques aussi ou plus gros que le poing 1 50

5° Argile ferrugineuse sèche, avec de *très-nombreux grains de fer oxydé hydraté, sidérolithique*. 1 75

6° Argile d'un jaune terne dans la partie supérieure et blanche dans l'inférieur, dure au toucher, très-micacée, à gros grains quartzeux, tachée par des grains d'oxyde de fer et quelques silex nectiques, très-légers . . . . . . 15 »

A *reporter* 24ᵐ 25

Report 24ᵐ 25

7° Argile d'un rouge intense, sèche et friable, à rares grains de fer . . . . 2 »

8° Argile rougeâtre, très-plastique, visible sur 1 50

Total 27ᵐ 75

Nº 15. — Coupe prise à côté de la grande Tuilerie, près de Bletterans.

TERRAIN DILUVIEN.

Greluches éparses sur le sol, qui est formé d'argile rouge, à greluches, appartenant au *limon jaune* 0ᵐ 70

TERRAIN TERTIAIRE SUPÉRIEUR.

1° Argile blanche très-plastique . . 0 40

2° Argile jaune avec taches de lignites par places ; CC à la partie supérieure . 1 20

3° Argile blanchâtre, maculée de jaune, avec petites greluches par lits et des tiges noirâtres de plantes passées à l'état de lignite 3 20

Cette argile est exploitée pour la tuilerie.

4° 1ᵉʳ banc de lignite, terre noire avec tiges de diverses grosseurs, des troncs entrecroisés dont quelques-uns donnent jayet d'un noir brillant, le tout empâté

A reporter 5ᵐ 50

Report 5ᵐ 50

dans une argile noire 0 50

5° Mince couche d'argile ferrugineuse, jaune, avec *écailles de poissons* . . . 0 15

6° Argile blanchâtre, avec tiges de plantes en lignite, droites ou penchées, entrecroisées 0 30

7° 2° banc de lignite, argile noire avec très-nombreux troncs et tiges de lignites, et fragments de *dents de mastodonte* (RR). 0 70

TERRAIN TERTIAIRE MOYEN.

8° Sables siliceux, fins, micacés, blanchâtres ou jaunâtres, avec grains de quartz par assises . . . . 10 »

9° Molasse très-dure, formée de grains de quartz micacés, se désagrégeant par places et donnant lieu à des corps aux formes bizarres, mamelonnées 1 15

Total 18ᵐ 30

Nᵉ 16. — Coupe prise près du village d'Auxange.

TERRAIN RÉCENT.

Terre végétale, brunâtre. 1ᵐ 75

Lehm noirâtre. 0 25

TERRAIN DILUVIEN.

1° Argile rougeâtre, plastique, avec cailloux roulés 1 50

A reporter 3ᵐ 50

Report. . . . . 3^m 50

TERRAIN TERTIAIRE MOYEN.

2° Marnes bleuâtres, micacées, très-
calcaires 2 50

3° Argile très-plastique, noire, avec
lignites. 0 25

TERRAIN TERTIAIRE INFÉRIEUR.

4° Marnes bleuâtres, micacées. . . 0 75
5° Sables siliceux, micacés 0 20
6° Fer sidérolithique, etc. 0 40

Total . . . . 7^m 60

N° 17. — Coupe prise au bois d'Arne, dans un puits
où l'on extrait le minerai de fer.

TERRAIN RÉCENT.

Terre végétale. . . . . 1^m 20

TERRAIN DILUVIEN.

Limon jaune, sable siliceux, ferrugineux 2 40

TERRAIN TERTIAIRE MOYEN.

1° Molasse sableuse, jaunâtre, mélangée de cailloux siliceux. 4 20

2° Molasse désagrégée par places, jaune
ou blanchâtre. 1 70

3° Galets cimentés par la silice, formant poudingue 3 70

A reporter . . . . 13^m 20

7

Report 13m 20

4º Argile jaune plastique, à lignites . 2 20

TERRAIN TERTIAIRE INFÉRIEUR.

5º Argile rouge, à minerai de fer. . 1 30

6º Argile rougeâtre, sèche, avec grains
siliceux. 2 50

7º Argile blanche, sèche, rude au toucher, avec grains de quartz . . . 1 70

Total 20m 90

Nº 18. — Forêt de Labarre, puits pour l'extraction du minerai sidérolithique.

TERRAIN DILUVIEN.

Limon jaune . . . . 3m »

TERRAIN TERTIAIRE SUPÉRIEUR.

Conglomérat de cailloux siliceux . . 5 »

TERRAIN TERTIAIRE MOYEN.

1º Molasse sableuse 3 50

2º Argile grise à lignites . . . 1 20

3º Lignites 0 10

TERRAIN TERTIAIRE SUPÉRIEUR.

4º Minerai de fer sidérolithique en
grains, avec graviers calcaires . . 0 70

5º Argile ferrugineuse et sableuse . 3 10

Total 16m 60

N° 19. — Terrains traversés par un sondage fait dans la ville de Chalon.

TERRAIN DILUVIEN.

Limon jaune 3ᵐ 40

TERRAIN TERTIAIRE SUPÉRIEUR.

1° Sable, siliceux caillouteux et argileux, ou conglomérat 5 20

2° Sables siliceux, verts, rougeâtres et jaunâtres 10 20

3° Argile verte et marne bleue et blanche à lignites 5 80

TERRAIN TERTIAIRE MOYEN.

4° Sables siliceux, jaunes, gris et verts. 3 90

5° Argile siliceuse, bigarrée de brun, de jaune et de vert avec grains ferrugineux 2 76

6° Grès caillouteux à grains ferrugineux 7 40

7° Sables siliceux, jaunes, rougeâtres et blancs 4 60

TERRAIN TERTIAIRE INFÉRIEUR.

8° Argile pure, jaunâtre, très-plastique 10 15

9° Sables siliceux, blancs et jaunes, mêlés de marne 8 35

10° Argiles plus ou moins plastiques,

A reporter 61ᵐ 76

Report	61^m 76	

Report . . . . . . 61^m 76
blanches ou colorées 20 31
11° Dix-huit couches alternant, de
marne, de sables et d'argiles diversement
colorés. 77 07

Total 159 14

Les diverses coupes précédentes, appuyées de
plus de cinquante autres qu'il eût été inutile de
publier ici, et qui ont été prises sur un grand
nombre de points éloignés et circonscrivant le terrain de la Bresse, nous amènent à la classification
des terrains tertiaires de notre Jura. Les quelques
lambeaux tertiaires de la montagne viendront prendre leur place dans cette classification.

TERRAIN TERTIAIRE SUPÉRIEUR.

3e ZÔNE. — *Conglomérats.*

1° Conglomérat bressan, molasse erratique et
cailloux impressionnés.

4e ZÔNE. — *Marnes et argiles à mastodontes.*

2° Calcaire à coquilles d'eau douce.
3° Argiles à lignites et à coquilles d'eau douce.
4° Marnes argileuses et limons à paludina bressana (Ogér.)

TERRAIN TERTIAIRE MOYEN.

5e ZÔNE. — *Molasse marine.*

5° Molasse marine de la Bresse, à dents de requins.

6° Molasse marine de la montagne, à bancs d'huîtres.

7° Sables siliceux, fins, micacés.

8° Sables et agglomérats.

TERRAIN TERTIAIRE INFÉRIEUR.

6e ZÔNE. — *Argiles à palæotherium.*

9° Argiles à lignite et à palæotherium.

7e ZÔNE. — *Argiles sidérolithiques.*

10° Argiles bigarrées et fer sidérolithique.

11° Argiles plastiques.

8e ZÔNE. — *Sables siliceux inférieurs.*

12° Sables siliceux et ferrugineux inférieurs.

Cette classification, basée sur un très-grand nombre de coupes, représente selon nous toutes les modifications principales de notre sol tertiaire, qui est si difficile à étudier, et qui cependant offre une si grande importance, non pas seulement par

l'épaisseur de ses couches et la surface qu'elles
présentent au soleil, mais aussi et surtout par
l'ensemble complet des spécimens que nous en
donne le département et par la grande similitude
qu'il offre avec les terrains de la même époque
entre le Jura et les Alpes, si bien décrits par
M. Émile Benoit. Elle permettra de saisir d'un
coup d'œil la composition générale du dépôt et
les causes principales qui ont concouru à sa formation. On eût désiré appuyer chaque zone sur
un animal important qui eût été comme la caractéristique du dépôt ; mais ces premiers éléments de chronogéologie manquent dans des couches principales, et force a été de prendre une
caractéristique dans la composition minérale du
sol.

TERRAIN TERTIAIRE SUPÉRIEUR.

Synon Période pliocène, vieux et nouveau pliocène (LYELL.), étage
du crag (CORDIER), subapennin, terrain quartenaire, alluvions anciennes.

3ᵉ ZÔNE. — Conglomérats.

1º CONGLOMÉRAT BRESSAN, MOLASSE ERRATIQUE ET
CAILLOUX IMPRESSIONNÉS. — Au-dessous de dépôts
erratiques diluviens terminés inférieurement par le
limon jaune, on rencontre dans la Bresse une
nappe discontinue et enchevêtrée de cailloux, de
sables et de graviers, que l'on a désignée sous le
nom de *conglomérat bressan,* dépôt nommé par
M. Élie de Beaumont *alluvions anciennes de la*

Bresse ou *terrain tertiaire supérieur*. Le *conglomérat* peut facilement se confondre avec les charriages diluviens qui l'ont corrodé et auxquels il a
fourni son contingent de matériaux ; cependant
une étude attentive permet facilement de les distinguer nettement dans la plupart des cas. Le di-
luvium de la Bresse renferme toujours en majeure
partie des cailloux de roches calcaires de la montagne, cimentés par un sable calcaire sec, soit un
peu siliceux, soit surtout ferrugineux. Le limon
jaune, mélangé aux sables des roches de la montagne, a fourni les éléments des ciments, avec les
sables siliceux de la Bresse. Le conglomérat, au
contraire, est généralement formé de roches siliceuses, d'une espèce de grès qui paraît très-dur
sur certains points et assez tendre sur d'autres.
La grosseur de ces cailloux varie depuis le grain
de sable jusqu'au volume d'un décimètre cube ; la
moyenne n'atteint pas la grosseur du poing. Dans
les tranchées où les assises sont visibles , on s'a-
perçoit que les plus gros occupent généralement
la partie supérieure ; un grand nombre portent la
singulière trace d'impression par frottement forcé,
qui les a fait nommer *cailloux impressionnés* : ce
sont des espèces d'impressions, burinées ordinairement sur le flanc du caillou et offrant plusieurs
enfoncements plus ou moins profonds, suivant la
dureté de la roche qui les a produits et de celle
sur laquelle ils se sont formés. Ces cailloux de
molasse sont souvent mélangés à ceux du silex jurassique ou crétacé, mais particulièrement à des

roches du jurassique supérieur et surtout du néocomien. Quelques cailloux de cette dernière roche
présentent des trous de pholades qui ne peuvent
conduire à aucune induction sur l'origine de cette
singulière formation, car ils ont subi le charriage.
Le ciment du conglomérat est très-complexe ; mais
il est généralement formé d'une substance siliceuse brune ou bleuâtre , calcaire et argileuse,
très-rarement ferrugineuse, quelquefois marneuse
et d'autres fois argileuse ou ligniteuse, suivant la
composition des couches sous-jacentes. Quand le
ciment est cilicéo-ferrugineux , il forme avec les
cailloux un poudingue très-dur, qui résiste même
aux agents atmosphériques. Nous rapportons au
conglomérat cette masse de cailloux siliceux et
granitiques répandus si abondamment sur toute
la surface de l'arrondissement de Dole et mis à
nu par les rivières et surtout par la Loue, dont ils
encombrent le cours. Sur les escarpements des
rives de cette rivière, à gauche, ils apparaissent
en longues traînées dirigées N-O—S-E, mélangées
à la partie supérieure des argiles tertiaires. Les
principaux et les plus beaux gisements du conglomérat que nous ayons vus à découvert sont les
tranchées du chemin de fer à Cousance, Saint-
Amour, Paisia, Beaufort et Vincelles. Des ossements de *mastondont arvernensis et dissimilis* ont
été rencontrés en assez grande abondance au milieu du conglomérat de Vincelles où un chef d'ouvriers nous a permis de les étudier, et à Cousance, nous a dit le même individu nous n'y avons

pas découvert d'autres fossiles. « A partir de
Lyon, dit M. Emile Benoit, le conglomérat se ré-
pand dans le nord de la Bresse en deux bandes
latérales, puissantes d'abord, qui vont en s'amin-
cissant pour s'arrêter, l'une brusquement et carré-
ment sur le flanc gauche de la vallée de Veyle,
qui est transversale depuis le voisinage de Bourg
jusqu'à la Saône; l'autre, vaguement et capri-
cieusement au-delà de Bourg jusqu'à Marboz; où
la traînée semble finir en pointe par des lambeaux très-restreints et isolés, n'offrant plus que
de menus graviers ou des lames de sables graveleux. » Aux justes observations de notre savant
collègue, nous ajoutons que le conglomérat forme
dans la Bresse chalonnaise et surtout jurassienne,
des traînées N-O à S-E qui sont venues expirer
contre la grande falaise jurassique, et dont un
grand nombre de lambeaux, masqués ou cor-
rodés par le diluvien, sont épars sur la plaine
bressanne et y forment généralement la partie supérieure des monticules arrondis qui accidentent
cette plaine. Dans son ensemble, le conglomérat
apparaît non comme le produit de courants tor-
rentiels ravageurs, mais comme le résultat de l'action d'une grande nappe d'eau agitée par divers
courants et remous. Le premier travail de ces
eaux a été d'approfondir les vallées préexistantes
et de creuser ailleurs des sillons dans les sables
et argiles de la formation d'eau douce; en sorte
que les nombreux cours d'eau actuels nous trans-
mettraient la tradition de ce qui s'est passé alors,

4ᵉ Zône. — *Marnes et argiles à mastodonte.*

2° Calcaire a coquilles d'eau douce. — Ce calcaire, décrit par M. Emile Benoit dans son remarquable travail sur la Bresse, se trouve surtout à Montluel, à Meximieux et à Coligny dans l'Ain.

Le calcaire de Montluel et de Meximieux est blanc ou jaunâtre ; il présente seulement quelques lignes de stratification confuse et contient à la base de très-grosses oolithes, qui se fondent dans la pâte. Vers la partie supérieure, il devient cristallin, puis tufacé, et renferme de nombreuses empreintes de feuilles d'arbres. Ces calcaires s'enchevêtrent dans les assises inférieures, sableuses et graveleuses, du conglomérat bressan. Au nord de Coligny, un autre calcaire d'eau douce bute horizontalement contre la roche jurassique redressée. Il est blanc, crayeux, pulvérulent, avec quelques rares noyaux de calcaire siliceux, confusément stratifié, et des plaques d'argile plastique intercalées ; il se prolonge, en devenant grumeleux et marneux dans la base des argiles à lignites de cette partie de la Bresse, avec lesquelles il finit par se confondre. Son niveau est donc inférieur à celui du calcaire de Meximieux, mais toujours dans la formation d'eau douce. Par places, il devient magnésien ; il renferme alors dans sa masse 2 à 3 p. 0/0 de magnésie sous la forme d'un encaissement rhomboïdal ; il contient également une substance jaunâtre, cireuse et esquilleuse, se coupant au couteau avec une grande facilité et se délayant parfaitement dans l'eau (voir ci-après l'analyse). Ce serait un silicate de magnésie hydraté, produit par une source minérale pendant la période tertiaire. Le calcaire d'eau douce contient beaucoup de petites coquilles qu'il est difficile d'obtenir entières ou autrement qu'à l'état d'empreintes. Ce sont surtout des *cerithium lamarkii* (Deshayes), cités par M. Émile Benoit.

Ce calcaire, s'il existe dans le Jura, y est très-rare et mal caractérisé : de minutieuses recherches nous en ont fait découvrir quelques minces lambeaux graveleux dans les environs et au nord de Cousance; nous les synchronisons avec doute à cette assise.

3° ARGILES A LIGNITES ET A COQUILLES D'EAU DOUCE. — Ces argiles, très-importantes comme horizon géologique, se poursuivent généralement dans toute la Bresse, et les rivières dont les rives abruptes ont été modifiées par l'érosion des eaux, les montrent presque partout le long de leur cours. M. Emile Benoît leur donne le niveau de celles de la Tour-du-Pin (Isère), et l'étude comparative et minutieuse que nous avons faite des deux terrains, nous permet de confirmer cet important point de départ. Il ne faut point confondre cette couche avec les argiles du terrain tertiaire inférieur, dont des affleurements importants se montrent près de Neublans. Les argiles en question sont bleuâtres, verdâtres et noirâtres, très-plastiques et limoneuses

par places, englobant çà et là de minces lits inter-
calés de marnes bleues et des petits cailloux décrits ci-dessous. La partie supérieure est ordinairement composée de marnes ou d'argiles marneuses
plus ou moins plastiques, d'une couleur généralement blanche. On rencontre quelquefois plusieurs
assises marneuses séparées par de minces lits de
petits cailloux formant la partie supérieure de cette
zône, rarement occupée par des argiles. C'est ordinairement à la partie supérieure du dépôt d'argile que se rencontrent les lignites; ils s'annon-
cent toujours par une coloration noirâtre, plus
intense que celle de l'assise argileuse. Les lignites
forment une couche d'une épaisseur de 0m 05 à

2e Molaire gauche, mâchoire supér., moitié.

Fig. 1. Mastodon angustidens.

0m 50, soit en
moyenne 0m40. On
y trouve des débris
informes de végé-
taux mélangés à
l'argile, des frag-
ments de bois et
même des troncs
d'une grande di-
mension. Quelque-
fois on rencontre
deux couches de li-
gnites, séparées par
de l'argile bleuâtre
épaisse de 0m 20 à
0m 30, comme à la
gare de St-Amour

et à la grande tuilerie de Bletterans ; rarement il s'en trouve trois couches. Très-rarement le dépôt forme un gisement puissant de 2 à 3 mètres, comme à Orbagna. L'argile ligniteuse forme des couches continues partout au-dessus de la molasse ; mais les lignites purs constituent des plaques ou lentilles interrompues dans l'argile. Nous avons trouvé dans ceux d'Orbagna : 1° plusieurs *planorbis*, des *lymnæa* et des *paludina* friables et impossibles à conserver et à spécifier ; 2° des dents de *mastodon tapyroides* et *angustidens*, également citées par

Melanopsis buccinoidea.
(Fer.)

Fig. 2. Dessous.

Fig. 3. Dessus et bouche.

M. Benoit ; 3° une dent de *cervus dicrocerus* (Lartet) et divers ossements indéterminables. Une petite coquille turriculée, voisine du *melanopsis buccinoidea* ou identique, à Domsure, à Saint-Amour, et à Cousance, semble caractériser cette couche d'eau douce.

Le *dinotherium giganteum* (Kaupt) a été trouvé dans cette zône sur les départements de l'Ain et du Rhône.

4° MARNES ARGILEUSES ET LIMONS A PALUDINA BRESSANA (Ogér.). — Cette assise, généralement répandue dans la Bresse quand les érosions ne l'ont pas détruite, se compose de plusieurs couches de marne, d'argile plastique ou sableuse, avec de minces lits de petits cailloux roulés.

Les marnes sont généralement bleues ou blan-

châtres, sableuses, et renferment souvent du sable
grossier en lits horizontaux de peu d'épaisseur ;
quelquefois elles sont rougies par une certaine
quantité d'oxyde de fer ; leur puissance varie entre 1 et 4 mètres. Les petits cailloux ou sables
qu'elles renferment sont généralement calcaires ;
quelques-uns, noirs ou verdâtres, ont une origine
alpine ; d'autres sont blancs, translucides et quartzeux. Ces petits cailloux sont presque caractéristiques de cette assise ; car léurs minces dépôts irréguliers sont généralement répandus dans toute
la masse des marnes et des argiles.

Les marnes, vers la partie inférieure, se chargent de plus en plus d'argile, deviennent quelquefois plastiques, se colorent en noirâtre ou en brun
et passent à une véritable argile. Souvent elles deviennent sableuses ; le plus souvent elles donnent
un limon bleuâtre, plastique ou friable, renfermant
une certaine quantité de carbo-
nate de chaux. Les principaux
fossiles qu'on y rencontre sont :
1° La *paludina bressana* (Ogér.),
CC à Niquedet, près de Domsure
(Ain) ; elle caractérise surtout la
partie inférieure de cette assise ;
2° un *melanopsis* plus petit, plus
aigu que le *buccinoidea*, C sur
plusieurs points de l'Ain ; 3° une
néritine voisine de la *neritina
concava* (Fer.), RR, et un *unio*
très-épais d'une grande dimen-

Fig. 4.
Paludina bressana
(Ogér.), grand. nat.

Néritina concava.

Fig. 5.   Fig. 6.
b, Dessous. a, Dessus
           et bouche.

sion, voisin de l'*unio subtrigonus* (Noulet), mais sans plis.

Entre Cronet et Bourbon-Lancy (Saône-et-Loire), cette couche acquiert une puissance de 10 à 15 mè-

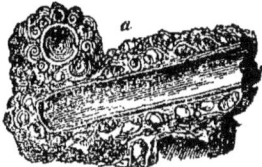

Fig. 7.
a, Tube d'indusia de l'Auvergne.

Fig. 8.
b, Paludine fossile, grossie.

tres et présente des calcaires concrétionnés à *indusia tubulata*, semblables à ceux de l'Auvergne et de Gannat (Allier). Cette couche à *indusia* semble apparaître près de la grande tuilerie de Bletterans, entre les argiles à lignites et les sables siliceux, sous l'apparence d'une marne blanchâtre, concrétionnée et très-calcaire, sur une épaisseur de 0m10 à 0m15.

Entre ce calcaire à *indusia* et la molasse marine, M. Rozet a découvert aux environs de Digoin, dans des calcaires marneux, des os et des dents d'*antracotherium*.

Enfin, les assises inférieures de cette couche ont été mélangées au sable siliceux et surtout à la molasse marine, par les fleuves et les flots lacustres tertiaires. Il est rare de trouver entre les deux terrains une ligne nette de séparation. Cette ligne existe cependant à la grande tuilerie de Bletterans, et elle permet de constater que le terrain tertiaire moyen a été soulevé avant le dépôt du terrain tertiaire supérieur.

La quatrième zône repose horizontalement en

stratification discordante sur la cinquième, qui a été relevée, d'où il suit qu'un mouvement d'exaltation du sol de Bresse s'est produit et aura fait écouler la mer molassique, qui a été remplacée par des lacs, des fleuves et des terres soit arides, soit forestières.

La formation d'eau douce dépasse à l'ouest le cours de la Saône, s'étend jusqu'à St-Gengoux, à Givry, et touche à l'est le rivage jurassique en pénétrant même l'intérieur du massif montagneux dans la vallée du Suran. Les lignites semblent s'être distribués plus particulièrement, sur une bande assez large, le long du bord jurassique.

TERRAIN TERTIAIRE MOYEN.

Synon. Période miocène (LYELL), étage des molasses et des faluns (CORDIER), étage falunien (d'ORBIGNY).

5e ZÔNE. — *Molasse marine.*

5° MOLASSE MARINE DE LA BRESSE, A DENTS DE REQUINS. — (Voir les coupes nos 9, 10, 11 et 12). Au-dessous des argiles à mastodontes se présente dans toute la plaine bressane, en *stratification discordante,* une masse gréseuse mesurant en moyenne 15 mètres de puissance. La stratification discordante s'observe surtout à la ferme près du pont sur la Seille, sous Cosges, en montant le chemin en aval de la grande tuilerie de Bletterans, où l'on voit les couches plonger du nord au sud sous un angle de 90° avec l'horizon, tandis que les assises

argileuses à lignites, placées au-dessus, sont hori-
zontales. C'est à cette importante couche que nous
rapportons, comme synchronique, les débris de
molasse à nombreux fossiles marins, dont les érosions diluviennes ont épargné quelques faibles lambeaux dans la montagne.

Fig. 9 (Voir la coupe n° 15, page 105).
1, Seille, terrain diluvien. — 2, Grande tuilerie.

En Bresse, voici quels sont les caractères de ce
terrain : dans la partie supérieure, sous les argiles
à lignites, la molasse débute par un grès micacé,
grisâtre, assez tendre, formant des bancs paral-
lèles de 4 à 5 centimètres d'épaisseur ; après cinq
ou six ans d'exposition à l'air, ce grès se décom-
pose et forme le sable siliceux micacé, si commun
dans les plaines de cette contrée.

La plus ou moins grande facilité de décomposition de la roche donne lieu à des plaques mamelonnées, arrondies, micacées, formant des figures
bizarres argentées par le mica, dans lesquelles le
vulgaire voit des oiseaux, des poissons, des
hommes, etc. Au travers de ces masses gréseuses,
des infiltrations de carbonates de chaux ou d'oxyde
de fer colorent en blanc ou en jaunâtre un grand
nombre de points par des traînées perpendiculaires.

8

Entre quelques strates de molasse, on rencontre des lits interposés de petits cailloux roulés, calcaires et surtout siliceux, dont quelques-uns, noirs ou verdâtres, indiquent une origine alpine. Ces interpositions sont rarement argileuses ou ferrugineuses. Au-dessus de Coligny et près de Bletterans, dans un chemin qui passe près du pont sur la Seille, en aval de la grande tuilerie, nous avons

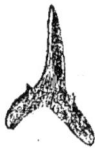

Fig. 10.
Dent de Lamna elegans,
grand. natur.

rencontré des dents de requins : *lamna elegans* (Agass.) et *othodus obliquus* (Agass.), qui se voient aussi dans la molasse marine de la montagne et qui nous servent de lien synchronique entre les deux gisements. Ces deux fossiles sont les seuls que nous ayons trouvés

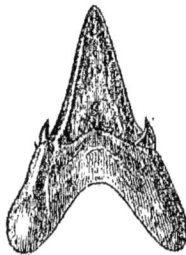

Fig. 11.
Dent d'othodus obliquus,
grand. natur.

dans toute la molasse de la Bresse. L'émail dont ils sont formés en entier a pu les préserver de l'action corrosive qui agit sans cesse sur cette couche et qui a dû surtout s'exercer sur les corps organisés non couverts d'émail, comme les coquilles marines. Il est probable cependant qu'on pourra trouver des coquilles dans les assises profondes, où elles se sont trouvées à l'abri de l'action décomposante due aux agents atmosphériques.

La partie inférieure de ce grès molassique offre de rares traces charbonneuses, noirâtres ou jaunâtres, perpendiculaires aux strates et ressemblant vaguement à des plantes.

6° Molasse marine de la montagne, a bancs d'huîtres. — Dans la montagne, la molasse marine offre quelques gisements peu étendus et surtout peu épais, mais très-importants par les nombreux fossiles marins qu'ils renferment. Nous donnons ici la description succincte de la molasse marine de Saint-Martin-de-Bavel, décrite par M. Benoit, comme fournissant un type complet de cette formation dans la montagne; nous y rattacherons les divers lambeaux du même terrain épars sur notre sol.

Molasse supérieure. — Grès grossiers et lits de charriage subordonnés. Cette assise très-importante forme la base du grès coquiller des géologues suisses. Ce grès, qui est l'assise la plus supérieure du lambeau de molasse, constitue un banc très-solide, de texture grossière, composée de débris de coquilles et de polypiers, de grains de quartz, de petits fragments roulés, de calcaires de diverses couleurs et provenances, de petits silex pyromaques ou grenus, blancs, blonds ou noirâtres, les uns roulés, usés ou polis, les autres brisés et ayant quelquefois un enduit blanchâtre à la surface. Toute cette masse est parsemée de paillettes de mica et cimentée par un empâtement sableux et argileux très-calcaire. La stratification en est peu apparente, marquée çà et là par de petits lits de galets de provenance alpine. Dans toute la masse sont répandues de grandes *huîtres,* souvent brisées, donnant le faciès paléontologique principal, et des fragments de coquilles difficiles à déterminer.

La Ferté.   Les Chauvins.

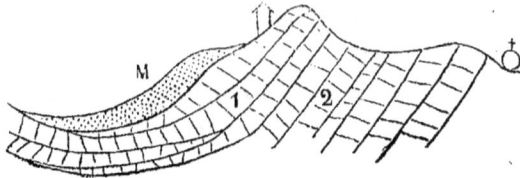

Fig. 12. — Coupe de la molasse marine de La Ferté.
M, Molasse marine. — 1 et 2, Néocomien supérieur.

On y distingue le *pecten scabrellus* (Lam.), le *pecten nisus* (d'Orb.), des dents de *requins : lamna elegans, othodus obliquus,* et l'*ostrea griphoides* (Schl.), dont quelques exemplaires ont jusqu'à 24 centimètres de longueur sur 9 centimètres de largeur, avec une épaisseur de test considérable. C'est surtout à cette assise qu'il faut rapporter les gisements molassiques qui existent entre le Fort-du-Plâne et la ferme de M. Munier ; ils reposent en stratification *concordante* sur le néocomien.

Fort-du-Plâne.   Ferme Munier.

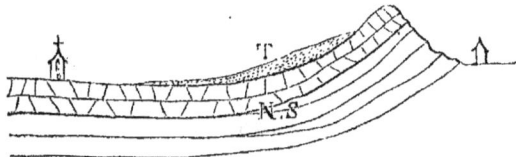

Fig. 13. — Coupe de la molasse marine du Fort-du-Plâne.
T, Molasse marine. — NS, Néocomien supérieur.

Molasse inférieure. — 1° Assise tendre, un peu micacée, grise, très-calcaire, en lits assez uniformes, quoique variant d'aspect et de texture selon l'abondance du ciment argileux ou du sable sili-

ceux. Elle contient abondamment et presque uni-
quement le *pecten scabrellus* (Lam.), qui forme
même une véritable lumachelle à la partie supérieure, c'est-à-dire sous le banc de grès coquiller.
On y trouve aussi le *pecten benedictus* (Lam.), le
pecten ventilabrum, quelques huîtres et des polypiers de la couche sus-jacente.

2° Banc de calcaire sablonneux d'environ deux
mètres, dans lequel commencent à apparaître de
grandes huîtres, plus abondantes dans le grès
coquiller ; la plus fréquente ici est l'*ostrea squar-
rosa* (de Serres) ; mais le fossile caractéristique est
l'*echinolampas scutiformis*, assez fréquent dans le
calcaire et plus encore dans la couche ci-dessus.
Le *pecten scabrellus* continue dans toute l'assise,
qui contient en outre quelques bivalves indéterminables et des moules de Vénus ou de Cythérées,
ainsi que quelques polypiers qui se propagent
plus haut. Epaisseur, 4 mètres. En bas, c'est une
molasse grise, argileuse, où apparaissent quelques
petites huîtres indéterminables et le *pecten scabrellus*, bien plus abondant dans les couches supérieures.

3° Grès argilo-calcaire, un peu micacé, bleu ou
gris-bleuâtre, assez dur par places, à grains fins,
formant une masse à lignes de stratification peu
marquées, solide en bas, peu adhérente en haut.
Elle ne contient pas de coquilles fossiles, mais
seulement quelques rares petits groupes d'un
polypier rameux, délié, l'*hornera striata* (M. Ed.).

4° Assise de transition assez brusque, car elle

passe en bas au conglomérat, en haut à la molasse siliceuse. La base de l'assise est formée de gros sable calcaire ordinairement blanc, quelquefois ocreux, soudé par un ciment calcaire, présentant par places une sorte de lumachelle sableuse à fragments de coquilles, où l'on distingue le *pecten scabrellus* (Lam.) et la *turritella terebralis* (Lam.), coquilles qu'on ne peut guère avoir qu'à l'état d'empreinte, mais dont les détails sont parfaitement moulés dans la pâte incrustante de la roche. En haut, il y a de plus en plus mélange de grains siliceux et de ciment argileux, avec quelques paillettes de mica, puis passage à une roche tout à fait molassique. Épaisseur variable de 1 à 2 mètres.

7° SABLES SILICEUX, FINS, MICACÉS. — Les *sables siliceux* proprement dits répètent toutes les allures de la molasse marine placée au-dessus; ils s'en distinguent simplement par leur désagrégation, ce qui rend leur stratification confuse. Les petits cailloux roulés en très-minces lits stratifiés, les infiltrations ferrugineuses, calcaires ou même siliceuses, les grenailles de fer, le mica, en un mot tous les accidents de la molasse s'y rencontrent et dans les mêmes circonstances; de plus, la séparation des sables siliceux et de la molasse ne présente pas une direction constante, mais une série de zigs-zags qui font pénétrer les sables souvent très-haut dans la molasse, et *vice-versâ*; d'où nous sommes porté

à conclure que les sables siliceux proprement
dits sont le résultat de la désagrégation de la
molasse. Entre le château de Neublans et sous
Beauvoisin, ces sables, extrêmemement fins, micacés, bleus ou jaunâtres, se montrent sur une
épaisseur de 15 à 25 mètres formant la surface
de l'escarpement, criblés sur plusieurs points de
trous ronds très-profonds, creusés par les hi-
rondelles de rivage pour y faire leur nid chaque
année.

A la partie inférieure de ces matières sa-
blonneuses, mouvantes, on remarque par places
des sables qui ont commencé à s'agréger par
l'action d'infiltrations calcaires, ferrugineuses,
descendant des parties supérieures de la couche.

8° SABLES ET AGGLOMÉRATS.— Les sables siliceux
décrits ci-dessus se mélangent de plus en plus
de cailloux arrondis, de la grosseur d'une noix
à celle de la tête. La plupart sont calcaires ;
mais quelques-uns sont en silex, empâtés dans
les sables, qui deviennent calcaires à mesure
qu'on descend à la base du dépôt. Quelques silex de la craie offrent encore des traces de fossiles du terrain crétacé et des polypiers siliceux
du J[1]. Il semble que la partie inférieure des sables agglomérés, à cailloux roulés, repose en
stratification *discordante* sur les argiles à *palœotherium ;* mais on en peut rien affirmer, car les
érosions du Doubs, ayant mélangé les deux terrains sur leurs limites, ne permettent pas à l'ob-

servateur de porter un jugement définitif à cet
égard. Ces cailloux roulés, reposant sur le néocomien, se rencontrent aussi à la base de la molasse marine de la montagne ; en Bresse, ils sont
immédiatement superposés aux argiles à lignites
dont il va être question.

Dans la montagne, les sables et agglomérats sont
formés de galets exclusivement calcaires, en très-
grande majorité néocomiens et quelques-uns juras-
siques, tous roulés, arrondis ou ellipsoïdes, de
toutes grosseurs jusqu'à 30 centimètres de diamètre. Les plus volumineux occupent le bas de la
couche, et les plus petits la partie supérieure ;
des lits de sable calcaire lavé, à ciment calcaire,
pénètrent dans toute la masse. On y remarque
assez souvent des galets d'un calcaire roux, mi-
roitant, criblés de *trous de pholades* ; mais ces galets paraissent être des fragments roulés d'une
assise de même roche, qui surmonte immédiatement les calcaires compactes, suboolithiques néocomiens.

Le conglomérat montre par places un passage
insensible à la couche suivante, bien que celle-ci
n'existe pas partout ; il apparaît comme un dépôt
de falaise produit par l'agitation de la mer molassique, lors de son envahissement dans les vallées
subalpines et subjurassiques. Épaisseur, 1 à 3
mètres.

TERRAIN TERTIAIRE INFÉRIEUR.

Synon. Formation éocène (LYELL), étage paléothérique (CORDIER), étage suessonien et parisien (d'ORBIGNY).

6ᵉ ZONE. — *Argiles à palœotherium.*

9° ARGILES A LIGNITES ET A PALŒOTHERIUM. — Au-dessous des bancs des ables siliceux, en Bresse, il existe constamment des assises d'argile bleue ou noirâtre, très-plastique, en minces couches de 0ᵐ 25 à 0ᵐ 30 d'épaisseur, séparées par des sables fins interposés et enchevêtrés au milieu des argiles. Très-souvent la partie moyenne des argiles englobe, soit des plantes herbacées, soit du bois passé à l'état de lignite ; il n'est pas rare d'y rencontrer des troncs de la grosseur d'un homme et au-dessus. Le Doubs, près de Neublans et sous Beauvoisin, corrode sans cesse les argiles à lignites et laisse sur ses bords d'énormes troncs de ces forêts anciennes. Dans les argiles à lignites, on rencontre fréquemment de petites taches de *bleu de Prusse*, souvent de couleur très-intense, mais en quantité trop minime pour permettre une exploitation. Ces argiles renferment des

Fig. 12.
Planorbis evomphalus
(Sow.), grand. natur.

planorbes, des *lymnées* qu'on ne peut extraire de la pâte argileuse, attendu leur friabilité, mais que nous rapportons avec quelque certitude au *planorbis evomphalus* et à la *lymnœa longiscata* (Brard). Nous y avons

Denis de palœothérium medium (Cuv.) grand. natur.

Fig. 15. Devant des dents.

Fig. 16. Couronne.

Fig. 17.
Dent d'anoplotherium commune (Cuv.),
molaire inf., gr. natur.

trouvé en octobre 1864, dans la couche à lignites et au-dessous, entre Beauvoisin et le pont de Neublans, sur les bords du Doubs dont les eaux étaient alors très-basses, divers échantillons de mammifères qui sont actuellement dans notre collection, notamment un fragment d'anoplotherium commune. La grande quantité de *bleu de Prusse* que renferment les marnes, et qui résulte de la combinaison du phosphate des os avec le fer, fait supposer que les quadrupèdes étaient très-nombreux lors de ce dépôt lacustre et terrestre.

Voici la détermination des échantillons que nous avons rencontrés; elle est due à l'obligeance de M. Albert Gaudry :

PALOPLOTHERIUM MINUS *(Palœotherium,* Cuv.). Dernière prémolaire et première arrière-molaire; seconde arrière-molaire; dernière arrière-molaire. Ces pièces, en connexion, appartiennent au côté gauche de la mâchoire supérieure.

Dernière arrière-molaire du côté droit de la mâchoire supérieure, provenant sans doute du même individu que les échantillons précédents.

Deux molaires inférieures de la même espèce.

Dernière arrière-molaire du côté gauche de la mâchoire supérieure.

PALÆOTHERIUM MÉDIUM (fig. 15 et 16). Cette détermination, fort douteuse, n'est point basée sur des matériaux suffisants. La molaire ressemble à une seconde arrière-molaire du côté droit d'une mâchoire supérieure de *Palæotherium curtum;* elle ressemble également à la première arrière-molaire supérieure droite du *Pal. crassum,* et à la troisième prémolaire supérieure droite du *Pal. medium.*

Le morceau n° 7 est un fragment antérieur de mandibule droite, avec la canine et une première prémolaire à racine unique, comme dans le *Palæotherium medium;* elle me paraît petite pour cette espèce : je l'attribuerais assez volontiers au *Palæotherium curtum,* si M. Gervais ne disait que cette espèce a deux racines à sa première prémolaire.

Le n° 8 est un os du carpe, appelé *le grand os,* à peu près de même taille que dans le *Palæotherium medium.*

En résumé, autant la détermination du *Paloplotherium minus* est certaine, autant la détermination de ce *Palæotherium* est incertaine.

Les débris de ces deux espèces, caractéristiques de la partie la plus supérieure des gypses de Paris, sont très-précieux pour déterminer l'âge géologique des terrains tertiaires inférieurs de notre Bresse, considérés jusqu'à présent comme pliocènes.

Les argiles à *palæotherium* et à lignites existent à Neublans et le long de la rivière du Doubs, à Étrepigney et dans la forêt d'Arne. Les lignites ne sont point en couches constantes, mais en amas lenticulaires simulant des îlots au milieu des marnes limoneuses déposées sous des lacs d'eau douce ; ils n'ont donné lieu à aucune exploitation sérieuse, attendu leur peu de puissance. Le Doubs, dans ses hautes crues d'eau, ravine constamment cette couche et en entraîne les débris mélangés à des sables calcaires arrachés aux montagnes. Cette riche plaine alluviale du Doubs, appelée *terre de fin*, profite ainsi chaque année de principes éminemment fertiles, qui lui sont fournis par les innombrables cadavres d'animaux tertiaires dont le sol est pour ainsi dire jonché.

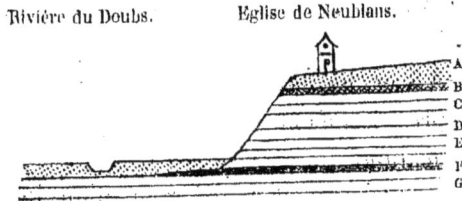

Fig. 18. Coupe de l'église de Neublans au Doubs.
A. Argiles et sables diluviens. — B, Limon jaune.— C, Molasse blanche. D, Sables siliceux. — E, Sables et cailloux. — F, argile à lignites et à palœotherium. — G. Argile à bleu de Prusse.

L'épaisseur des argiles ligniteuses à *palæotherium* varie entre 4 et 5 mètres le long du Doubs. A Étrepigney, elle mesure 6 mètres. Dans les

forêts d'Arne et d'Orchamps, elle est réduite à
une couche de 0ᵐ 50 à 0ᵐ 80, immédiatement
superposée au fer sidérolithique.

7ᵒ ZÔNE. — *Argiles sidérolithiques.*

10ᵒ ARGILES BIGARRÉES ET FER SIDÉROLITHIQUE. —
Immédiatement au-dessous des argiles à *palæothe-*
rium, les argiles bigarrées constituent un dépôt
très-inconstant dans ses allures et son épaisseur.
Elles forment une masse plastique argileuse de
divers matériaux, colorée très-fréquemment en
vert, en rouge et en brun, rarement en violet ;
par la bigarrure de la coloration, elles rappellent
un peu les marnes irisées ; mais elles sont beaucoup plus plastiques.

Toujours superposées aux dépôts ferrugineux
sidérolithiques, quand ceux-ci existent, elles paraissent alors discontinues et se réduisent à quelques mètres dans le voisinage de la Serre ; mais
à Étrepigney et à Plumont, elles acquièrent souvent 15 ou 20 mètres, et on y voit s'intercaler
progressivement des bancs de grès marneux, friables. C'est à la partie inférieure de cette assise
qu'on rencontre le gypse, dans le bassin suisse.
Vers la partie inférieure, l'élément calcaire com-
mence à entrer dans la composition minéralogi-
que, plus abondamment que vers la partie supérieure ; aussi ces argiles sont-elles alors plus
friables, moins plastiques et propres aux amendements.

Les couches ferrugineuses de cette zone prennent le nom de *fer sidérolithique*; elles se lient
intimement avec les couches inférieures des argiles bigarrées et leur donnent, jusqu'à présent,
leur nom dans le Jura oriental, bien qu'elles soient
les plus inconstantes, les plus variables et qu'elles
aient une puissance relativement minime. Ces matières ferrugineuses sont souvent en grains arrondis, très-lourds, brillants, attirables à l'ai-
mant et donnent, dans ce cas, plus de 50 p.
cent d'excellente fonte; elles sont rarement en
grumeaux, quelquefois en poussière fortement
mélangée d'argile, ou en masses grumeleuses,
agglutinées, scorifiées, noirâtres, légères, donnant
un minime rendement en fonte. Quelquefois ces
scories sont denses, à structure rayonnée, très-
rebelles à la fusion : dans ce cas, elles renferment généralement une forte proportion de manganèse oxydé, mélangé de fer oxydé hydraté; ce
minerai ne peut servir à la fonte. Lorsque l'argile et la silice ne sont pas trop abondantes, le
rendement en fer est assez considérable, et alors
cette substance rivalise avantageusement avec les
autres minerais plus anciens auxquels on la mélange pour les bonifier.

On rencontre abondamment les argiles sidérolithiques dans l'arrondissement de Dole, dans la
forêt d'Orchamps et au bois d'Arne; à Étrepigney, le fer sidérolithique forme quelques grains
isolés au milieu d'argiles fortement colorées en
rouge ou en jaune intense. Quelquefois le dépôt

ferrugineux envahit pour ainsi dire toutes les argiles bigarrées qui l'englobent d'habitude, comme
au bois d'Arne, et atteint les lignites. On en
trouve fréquemment des lambeaux le long de la
Seille, du Doubs et de la Loue, où les fortes
érosions l'ont mis à nu. Fréquemment on peut
les suivre dans le fond des ravins, au pied des
berges bressanes.

Dans la montagne, le fer sidérolithique n'a été
trouvé en place qu'à Charbony et à la Grange-
Bataillard, à l'Est du Fort-du-Plâne, de Courvières, de Plénise et de Lent. Le fer manganési-
fère se rencontre sur le sol à Courvières et à
Charbony.

11° ARGILES-PLASTIQUES. — Au-dessous des argiles bigarrées, apparaissent une série de couches qui s'intercalent dans leur partie supérieure
avec les argiles bigarrées et se confondent avec
elles; mais, à mesure que l'on descend, elles
prennent un aspect qui leur est propre et qui les
distingue nettement des sables siliceux sur lesquels elles reposent, et des argiles bigarrées aux-
quelles elles servent de base. Généralement elles
forment des couches blanches, bleuâtres ou un
peu jaunâtres ou rougeâtres, très-plastiques, renfermant ordinairement une grande quantité de
grains de quartz anguleux, translucides, et une
multitude de paillettes de mica d'un blanc ar-
gentin. En descendant vers les couches inférieures
du dépôt, les argiles deviennent de plus en

plus blanches et la quantité de grains de quartz et de mica augmente progressivement.

Des placages irréguliers, ferrugineux, colorent en rouge de brique la masse des argiles et y forment des taches qui semblent se continuer, mais qui n'offrent aucune régularité ni aucune allure distincte. Des silex nectiques de la grosseur d'une noix à celle du poing et au-dessus, criblent souvent et sans ordre les assises argileuses, surtout à la partie inférieure. La masse entière des argiles ne donne pas d'indice de stratification, et les diverses couches indiquées ci-dessus sur les coupes sont à peine marquées dans les puits d'extraction, et ne se poursuivent pas d'un puits à l'autre. Les argiles blanches et quartzeuses donnent, par la cuisson, d'excellentes briques réfractaires ; elles sont exploitées à Etrepigney et à Plumont. M. Besson nous a assuré avoir trouvé quelques *escargots en pierre* à Etrepigney ; malgré nos recherches et nos recommandations intéressées auprès des ouvriers et du maître, nous n'avons pu en obtenir le plus petit fragment.

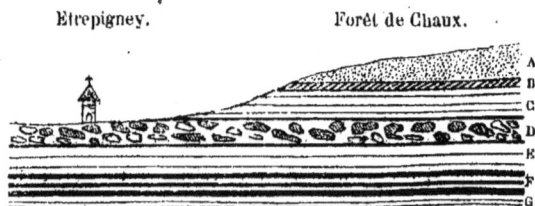

Fig. 19. Coupe d'Etrepigney à la forêt de Chaux.
(Pour l'annotation, voir la coupe n° 11, page 101.)

8e Zône. — *Sables siliceux inférieurs.*

12º Sables siliceux et ferrugineux inférieurs. — La zone la plus inférieure de la formation tertiaire, tant dans la montagne que dans
la plaine du Jura, est celle des sables siliceux,
également décrits par M. Benoît dans son travail
sur le terrain tertiaire entre le Jura et les Alpes.
Ces sables sont toujours cristallins, souvent très-
purs, ordinairement d'un jaune pâle ou d'un rouge
brun, quelquefois parfaitement blancs. Impurs,
ils sont toujours mélangés d'argile et de fer, ta-
chés de rouge vif et bigarrés de diverses couleurs; ou bien ils prennent une teinte verdâtre,
et alors ils sont généralement agglutinés et forment un béton très-dur, qui retient parfaitement
l'eau quand l'argile offre une puissance de
0ᵐ 20 et au-dessus. Ils ne contiennent jamais de
calcaire et renferment souvent des silex épars ou
disposés en lignes stratiformes. Ces silex sont
blonds, gris, noirâtres, pyromaques, concrétionnés ou brisés, souvent enveloppés d'une croûte
blanche argilo-siliceuse ; sur d'autres points, ils
sont cristallins, agglomérés, sans gangue, et offrent des masses de toutes grosseurs. On y a si-
gnalé des empreintes ou des fragments de fossiles
crétacés remaniés et indéterminables.

Les sables siliceux sont très-irréguliers dans
leur puissance et leur mode de stratification ; ils
sont souvent en lambeaux isolés, et d'autant plus

difficiles à séparer des couches argileuses et gréseuses superposées, qu'ils sont plus puissants et
mieux stratifiés, c'est-à-dire plus éloignés des
bords sinueux du bassin tertiaire.

Dans la montagne, quelques lambeaux de sables blanchâtres, micacés, mélangés de marne,
peuvent les représenter au voisinage de Foncine-le-
Haut et de Châtel-Blanc ; dans la plaine de la
Bresse, ils ne se montrent jamais à découvert.
Les puits et les sondages pour l'exploitation du
minerai sidérolithique et des argiles réfractaires
ont permis de le reconnaître sur plusieurs points,
surtout à Étrepigney, à Orchamps, dans les forêts
de la Barre et d'Ougney.

EXTENSION GÉOGRAPHIQUE.

Le terrain tertiaire s'étend généralement sur
toute la Bresse de l'Ain, de Saône-et-Loire, de la
Côte-d'Or, et, dans le Jura, entre St-Amour, Dole,
Dampierre, Villers-Farlay, Sellières, Montmorot et
sur les versants de l'Ognon, à une altitude moyenne
de 250 mètres. Il est presque toujours recouvert
par le terrain diluvien remanié et par les alluvions
modernes, le long des rivières qui traversent la
plaine bressane. Les surfaces voisines du vignoble
et les sommets des monticules bressans sont formés par les conglomérats et par la zone à éléphants.
Cette zone, très mince dans la vallée de l'Ognon,
disparaît près de Dole ; elle a jeté quelques lambeaux de ses assises dans la vallée du Suran.

La molasse marine et les sables siliceux se montrent à la surface du sol dans les cantons de Bletterans, de Chaumergy et de Montbarrey, où de très-beaux escarpements de ces terrains existent le long du Doubs, de la Loue et de la Seille. On les rencontre, très-atténués ou nuls, dans l'arrondissement de Dole. Cinq petits lambeaux de molasse marine se montrent dans les montagnes, sur une altitude moyenne de 800 mètres, c'est-à-dire de 550 mètres plus élévée que celle de la Bresse : à Foncine-le-Haut, Fort-du-Plâne, Grange-Bataillard (commune du Frânois), la Ferté (commune de Rivière-Devant), et à la ferme de la Forge (commune des Hautes-Molunes). Le terrain tertiaire inférieur n'affleure à la surface du sol que le long du Doubs, à Neublans, par sa couche supérieure ; les sondages et les puits à Etrepigney, à Plumont et dans les forêts de Labarre et d'Orchamps ont permis d'étudier ses diverses couches, dans lesquelles on exploite des argiles réfractaires et le peroxyde de fer.

L'épaisseur du terrain tertiaire varie entre 15 et 50 mètres; il est généralement très-mince le long du vignoble, se développe en pleine Bresse et présente dans le voisinage de Chalon, sur les plateaux bressans, plus de 60 mètres de puissance. Il s'amincit en s'avançant vers le Nord du département, et finit par s'y réduire à quelques mètres d'épaisseur représentant la partie inférieure du terrain.

On le voit reposer généralement en *stratification confuse* sur le lias moyens, dans les environs de

Dole et dans l'arrondissement de Lons-le-Saunier ;
il se superpose ordinairement aux marnes irisées,
au lias inférieur, toujours en stratification qui
semble *discordante*.

Les lambeaux tertiaires de la montagne reposent
en stratification *concordante* sur le *néocomien* re-
levé ou en pente ; d'où il suit qu'après le dépôt de
la molasse, il s'est produit, dans nos montagnes
du Jura, un mouvement d'élévation qui aura fait
écouler la mer molassique de nos contrées et permis aux dépôts lacustres, fluviatiles et terrestres
qui ont formé le terrain tertiaire supérieur, de se
déposer en stratification *discordante* sur le terrain
tertiaire moyen ou molassique.

PALÉONTOLOGIE.

Plus nous descendons l'échelle des âges géologiques, plus les êtres qui les représentent s'éloi-
gnent des types actuellement vivants. A l'époque
tertiaire, les nombreux animaux qui ont succes-
sivement peuplé la terre rappellent encore les
formes générales que l'on remarque dans ceux de
notre époque ; mais en les examinant avec attention,
on reconnaît qu'ils appartiennent à une génération
différente de la nôtre et qui n'a avec elle rien de
commun. Trois périodes tertiaires présentent une
nombreuse population d'animaux aujourd'hui tous
éteints, aussi curieux par leurs formes colossales
que par la singularité de leur structure. Ils ré-

gnaient en souverains, et nous donnent la physio-
nomie animale de cet âge. La vie était alors dans
une telle exubérance qu'elle n'a jamais présenté
rien de semblable dans les âges antérieurs. D'après
les plantes tertiaires, la période supérieure, la plus
rapprochée de nous, jouissait d'un climat un peu
plus chaud que le nôtre. La période moyenne avait
celui de la basse Espagne. Enfin, l'inférieure su-
bissait la température de la basse Egypte, dont la
moyenne est de 22° centigrades.

Les fossiles tertiaires sont très-rares dans la
Bresse, attendu que la plupart, terrestres ou lacustres, toujours d'une conservation difficile, ont
été enfouis dans un sol soumis à une lente décomposition qui a dû singulièrement favoriser leur dé-
sorganisation. Mais, en revanche, tous sont caractéristiques de la période qu'ils représentent
et servent à en déterminer l'âge et la position.

La période supérieure du terrain tertiaire est
surtout représentée par le *mastodonte*, voisin de
l'éléphant, mais plus fort et plus lourd que ce dernier ; il portait quatre défenses, et ses dents, non
en lamelles comme celles des éléphants, présentent
sur la surface triturante une multitude de tuber-
cules arrondis. Ce gigantesque herbivore est re-
présenté par trois espèces dont un grand nombre
de débris ont été recueillis à Domsure, à Pierre,
à Beaufort, à Sainte-Agnès, à Vincent, au val d'A-
mour, etc. Il avait pour compagnons des cerfs dont
on retrouve les ossements et les bois, et probable-

ment l'hippopotame, le rhinocéros et le dinothérium gigantesque ; ce dernier paraît avoir été une énorme masse charnue, informe, ayant la tête armée d'une trompe et de deux fortes défenses recourbées au bas en guise de pioche, qui servaient à l'animal à fouiller la terre pour en

Fig. 20.
Tête osseuse de dinotherium giganteum.

extraire les racines dont il se nourrissait, etc. On en trouve les restes fossiles dans le bassin du Rhône. Un certain nombre de coquilles lacustres, fluviatiles et terrestres, indiquent dans quelle condition les dépôts se sont opérés.

Les plantes très-nombreuses de cette période sont difficiles à spécifier, attendu leur mauvais état de conservation ; mais on peut y distinguer des palmiers, des bambous se mêlant aux arbres des pays tempérés, tels que : érables, noyers, ormes, chênes, etc. Ces fossiles arborescents transformés par les siècles en lignites, sont accumulés sur certaines surfaces indiquant la place des forêts de cette époque, dont des fleuves et des lacs nombreux découpaient la monotonie.

La période moyenne nous offre les nombreux et irréfragables vestiges de la dernière mer qui a longtemps couvert notre Jura. La molasse de la Bresse et de la montagne nous montre des dents de grands poissons et surtout de requins (*othodus* et *lamma*), qui devaient avoir une taille énorme. Les bancs d'huîtres et les polypiers de Fort-du-Plâne, de la Ferté et de la Pesse nous dénotent une mer peu profonde, dont les premiers dépôts, les plus inférieurs, indiquent dans les vagues une grande agitation qui a produit les conglomérats. Alors les monts Jura, réduits à un relief très-modeste, permettaient la communication de la mer tertiaire de la Suisse, à travers nos montagnes, avec celle du centre et du Nord de la France.

La période inférieure nos offre des dépôts terrestres, lacustres et fluviatiles, et une population de quadrupèdes s'éloignant de plus en plus des espèces

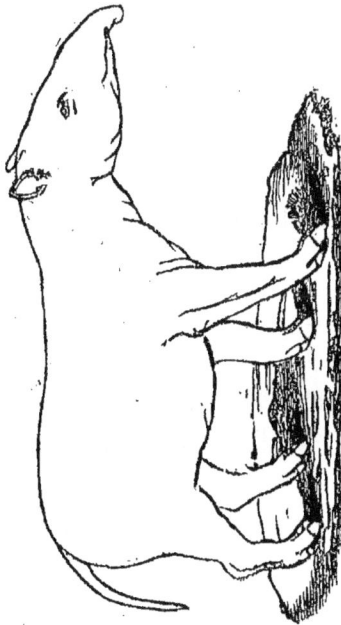

Fig. 21. Forme du palæotherium magnum.

actuelles. Les *palæotherium* aux formes anormales,
singuliers herbivores dont le nez s'allongeait en
trompe, qui avaient la taille d'un grand cheval,
les pieds massifs et terminés par trois ongles
ensabotés, ont vécu de longues années, en trou-
peaux nombreux, dans les vastes broussailles et les
bois de cette période riche en végétaux. Nous avons
été assez heureux pour trouver les débris de deux
espèces de ces animaux sur la rive gauche du
Doubs, en amont du pont de Neublans, sous Beauvoisin.

De très-nombreuses plantes tropicales, représen-
tées par des troncs souvent énormes, des branches
et des feuilles à l'état de lignite, montrent la puis-
sante activité végétale de cette période.

Comme on vient de le voir, le Jura, pendant que
le terrain tertiaire inférieur se déposait, présentait
d'abord, dans la Bresse, un immense lac recevant le
tribut de nombreux cours d'eau dont les bords, plan-
tés de forêts luxuriantes, étaient habités par un
grand nombre de quadrupèdes. Les monts Jura,
alors humblement à l'état de monticules arrondis,
étaient couverts de végétaux du climat égyptien. Des
sources thermales, des émanations gazeuses de
l'intérieur de la terre opérèrent sur les terrains ces
effets de métamorphisme dont on remarque les in-
dices dans les argiles bigarrées et plastiques.

Liste des animaux fossiles trouvés dans le terrain tertiaire du Jura.

DÉSIGNATION DES ESPÈCES.	3e zone	4e zone	5e zone	6e zone	7e zone	8e zone
Mammifères.						
Cervus	?	AR				
Mastodon angustidens (Cuvier)	R	AC				
Id. arvernensis (Cr. Joub.)		R				
Id. Borsoni (Hays) ?.....		R ?				
Id. tapyroïdes (Cuvier) ..		?				
Dinotherium giganteum (Kaup						
Rhône, Ain.................				AC		
Anoplotherium commune ...				?		
Palœotherium medium				R ?		
Id. minus.......				AC		
Antracotherium...........	.?		?			
Oiseaux.	?	?	?	?		?
Reptiles.	R	?	?	?		?
Poissons.	?	?	?	?		?
Ecailles	R					
Lamna elegans...........		AC				
Othodus obliquus.........		R				
Mollusques.						
Helix colongeoni (Michaud)..		C				
Clausilia terverii (Mich.)....		R				
Planorbis evomphalus				R ?		
Id. ? grand		R		R		
Id. ? petit		CC		C		
Paludina bressana (Ogér.)...		CC				
Id. ? petite......		C		C		
Lymnœa longiscata				R		
Lymnœa ?		C		C		
Melanopsis buccinoidea (Fer.)		C				
Cerithium Lamarkii (Desh.)..		C				
Turrilites terebralis (Lamk.).		AR				
Neritina concava ?........		R				
Unio, espèce très-épaisse, à						
Niquedet, couche n° 4....		CC				
Pecten laticostatus (Lamk.)..			C			
Id. scabrellus (Lamk.)...			CC			
Id. ventilabrum (Gold.)..			R			
Id. benedictus (Lamk.)..			AR			
Id. burdigalensis (Lamk.)			R			
Id. nisus (d'Orb.)			AR			
Lucina squamosa (Lamk.) ...			R			
Balanus, grande espèce			RR			
Id. petite id.			R			
Ostrea virginiana (Gmel)....			C			

DÉSIGNATION DES ESPÈCES.	3e zone	4e zone	5e zono	6e zone	7o zone	8e zone
Ostrea crispata (Gold.). . . .			C			
Id. palliata (Gold.). . . .			AR			
Id. burdigalensis (Mayer).			C			
Id. squarrosa (de Ser.). .			C			
Id. griphoïdes (Scllt). . .			R			
Id. crassissima (Lamk). .			·C			
Echinolampas scutiformis (D.)			AC			
Zoophytes.						
Hornera striata (M. Edw.) . .			AC			
Lichenopora tuberosa (Mich.)			AC			
Membranipora reticulum (Bl.)			R			
Cellepora supergiana (Mich.) .			R			
Eschara incisa (M. Edw.) . .			AR			
Plantes.	R	CC	R	CC	C	RR

Le tableau précédent amène les réflexions suivantes :

1° Les fossiles de Bresse sont représentés par
un très-petit nombre d'espèces, presque toutes
annotées R : cela tient, d'une part, à la difficulté
d'explorer le terrain, recouvert partout · par la
culture; d'autre part, à l'action décomposante du
sol, qui a fait disparaître depuis longtemps les
débris des animaux d'une organisation délicate
et rendu informes ceux qui avaient une charpente
robuste.

2° Les mammifères sont représentés par de
grandes espèces annotées R ; les petites espèces,
probablement *nombreuses* d'après le climat et la
topographie , n'ont pas encore offert leurs restes
fossiles, par les raisons ci-dessus énoncées.

3° Les oiseaux ont dû aimer les paysages tertiaires, mais on n'a pas recueilli un seul de leurs restes fossiles.

4° Les reptiles devaient être nombreux sur un sol si bien approprié à leurs habitudes? Absence de leurs restes fossiles.

5° Les poissons *marins* sont largement représentés par leurs dents nombreuses; mais on n'a pas trouvé de restes des espèces fluviatiles et lacustres, qui devaient être cependant en grand nombre dans les fleuves et les lacs tertiaires.

6° Les mollusques gastéropodes, tous fluviatiles et lacustres, donnent peu de fossiles déterminables; la vase dans laquelle ils ont été ensevelis, d'une composition chimique variée, a dû faire rapidement disparaître leur enveloppe, généralement mince.

7° Les mollusques *marins*, tous recouverts par une *coquille épaisse et grande*, fournissent un très-grand nombre de leurs fossiles, parfaitement conservés. Les huîtres fossiles surtout forment des bancs qui présentent des milliers d'individus occupant *la place et la position* qui les ont vus vivre et mourir.

DESCRIPTION DE LA PALUDINA BRESSANA (OGÉRIEN).

Cette belle espèce, voisine de la *Paludina concinna* (Horuc), a été reconnue *nouvelle* par le savant conchyliologiste M. Deshayes.

Description : Coquille haute de 22 à 28 millim.; diamètre de 14 à 17 millim. Globuleuse, conoïde,

Paludina Bressana (Ogér.).

Fig. 22.
Dessus et bouche.

Fig. 23.
Profil de la bouche.

très - ventrue , ru - gueuse ; très - fortes stries d'accroissement ; TEST TRÈS - ÉPAIS, *souvent d'un 1/2 millim. ;* spire de cinq tours réguliers, le dernier très-grand, formant plus du tiers de la coquille; *suture très-profonde,* sur laquelle le dernier tour forme *un bourrelet.* Ombilic nul ou recouvert par une extension du péristome ; ouverture oblique en quart de cercle, pyroïde; péristome très-épais, tranchant, non réfléchi. Cette belle paludine se trouve en grande abondance dans une marne argileuse (couche nº 4), sur le talus gauche de la route de St-Amour en Bresse, à 310 mètres du village de Niquedet, commune de Domsure.

MINÉRALOGIE.

Les minéraux qu'on rencontre dans les terrains tertiaires du Jura sont : le quartz hyalin en grains ; le manganèse oxydé hydraté, ferrugineux dans le fer sidérolithique ; le fer oxydé hydraté, CC; le fer sulfaté dans les argiles à lignites, C; le fer phosphaté bleu, ou bleu de Prusse, dans les lignites de Neublans, CC ; le phosphate de chaux dans les lignites inférieurs, AR ; les lignites, plusieurs couches, CC ; la turquoise de nouvelle roche en dents de mammifères, AC : le mica en paillettes dans les sables et la molasse, CC; le feldspath orthose en petits cailloux, C, en cristaux, R ; la serpentine, l'amphibole, R ; le jade de Saussure, C. Ces trois dernières substances sont toujours en petits cailloux.

Les analyses suivantes donneront une idée exacte de la composition générale du sol :

DÉSIGNATION ET LOCALITÉS.	Densité.	Carbonate de chaux.	Eau.	Silice.	Alumine.	Oxyde de fer.	Matières organiques
4ᵉ Zone.							
Marne bleue, coupe n° 4 (gare de Cuiseaux) . .	2,630	0,367	0,086	0,400	0,130	0,017	»
Limon jaune, coupe no 15 (Bleuterans)	1,546	0,815	0,103	0,750	0,133	0,012	»
Gretsches, coupe no 15	2,732	»	0,095	0,350	0,150	0,405	»
Argile jaune avec troncs de lignites, coupe no 15, 3o	2,272	»	0,095	0,710	0,188	0,007	»
Argile ferrugineuse, coupe no 15, 3o . . .	2,173	»	0,170	0,606	0,190	0,032	0,002
Argile blanchâtre, coupe n° 15, 3o . . .	2,252	»	0,041	0,775	0,179	0,025	»
Argile blanche, coupe no 15, 6o	2,347	»	0,082	0,760	0,154	0,004	»
Argile blanchâtre, coupe no 15, 6o . . .	2,170	»	0,105	0,732	0,732	0,105	0,005
Argile grise, coupe no 15, 5o	2,481	»	0,175	0,686	0,108	0,011	0,020
Lignites, coupe no 15, 7o, 2o	1,562	»	0,210	0,600	0,098	0,007	0,085
Argile jaune ferrugineuse, coupe no 15, 3o . .	2,247	»	0,052	0,680	0,168	0,005	»
Argile jaune, coupe no 12, 4o	2,182	»	0,042	0,638	0,277	0,020	0,003
Argile blanche, coupe no 14, 5o	2,288	»	0,165	0,535	0,203	0,035	0,052
Argile blanchâtre (Commenailles)	2,400	»	0,040	0,800	0,060	0,090	»
Argile jaune, mine de fer d'Hiéges	2,205	»	0,062	0,625	0,111	0,112	»
5ᵉ Zone.							
Grès micacé, coupe no 11, 2o	2,510	0,850	0,005	0,600	0,033	0,012	0,001
Molasse Marine, partie supérieure (La Ferté) .	2,662	0,350	0,005	0,088	0,087	0,025	0,001
Molasse marine (Fort-du-Plane)	2,726	0,887	0,022	0,078	0,042	0,030	0,001
Molasse rouge (Verrières-Suisses)	2,495	0,794	0,020	0,056	0,054	0,065	0,001
Sables micacés (Foncine-le-Haut)	2,698	0,053	0,065	0,632	0,172	0,012	»

Sables micacés, coupe no 11, 3o	2,631	»	0,056	0,700	0,030	0,050	»
Argile blanche, coupe no 15	2,247	»	0,050	0,883	0,062	0,003	»
Sables micacés, coupe no 15, 8o	2,251	0,058	0,024	0,860	0,017	0,002	0,043
Molasse micacée, coupe no 15, 9o	2,564	0,276	0,006	0,481	0,020	0,002	0,215
6e Zone.							
Argile à lignites, coupe no 18, 4o	2,138	0,012	0,095	0,555	0,305	0,020	0,003
Argiles à lignites, coupe no 18, 2o	2,117	0,010	0,080	0,550	0,315	0,035	0,001
Argile à lignites (bois d'Orchamps)	2,227	»	0,150	0,712	0,185	0,022	0,004
Argile noire, bleu de Prusse, coupe no 4, 9o	1,764	0,500	0,080	0,180	0,080	0,012	0,060
Argiles à lignites, coupe no 12, 8o	2,293	0,200	0,072	0,562	0,186	»	»
7e Zone.							
Argile ferrugineuse, coupe no 13, 5o	2,310	»	0,082	0,870	0,043	0,012	»
Argile réfractaire, coupe no 15, 4o	2,259	»	0,105	0,800	0,105	0,005	»
Terre réfractaire, coupe no 15, 3o	2,387	»	0,050	0,884	0,070	0,008	»
Argile réfractaire, coupe no 15, 6o	2,326	»	0,055	0,673	0,261	0,006	»
Mine sidérolithique, coupe no 19, 4o	2,341	»	0,180	0,250	0,135	0,480	»
Fer en grains agglutinés (bois d'Orchamps)	2,760	»	0,179	0,360	0,021	0,500	»
Gravelage ferrugineux, 5o (Orchamps)	2,317	0,028	0,042	0,700	0,221	0,090	»
Fer sidérolithique, coupe no 19, 4o	2,945	»	0,100	0,200	0,100	0,500	»
8e Zone.							
Sable ferrugineux, coupe no 19o, 9o	2,414	0,082	0,255	0,350	0,058	0,004	»
Sables siliceux ferrugineux (bois d'Orchamps)	2,291	»	0,100	0,700	0,160	0,058	»
Argile ferrugineuse (Orchamps)	2,209	»	0,085	0,680	0,135	0,100	»

Les analyses précédentes démontrent : 1° que l'alumine et surtout la silice composent en presque totalité les terrains tertiaires ; 2° que la molasse marine de la Bresse et surtout de la montagne renferme une assez bonne dose de carbonate de chaux ; dans la Bresse, cette substance est soumise à une décomposition lente et continuelle, qui la fait infiltrer dans les parties inférieures des sables siliceux, où elle forme des concrétions et des agrégations ; 3° que le fer entre pour une dose relativement élevée dans la composition générale de toutes les couches tertiaires ; 4° enfin, que les matières organiques, débris des végétaux et des animaux si nombreux à cette époque, sont très-abondantes, surtout dans les couches à lignites et dans leur voisinage,

PÉTROLOGIE.

Les roches des terrains tertiaires du Jura sont ordinairement pulvérulentes ou en petits grains ; les argiles plastiques seules font exception à cette règle générale.

Les roches que nous avons rencontrées sont les suivantes, en commençant par les plus communes : argiles, soit plastiques, soit bigarrées, CC ; sables siliceux, CC ; molasse ou sables agrégés, CC ; marnes sèches, CC ; lignites, CC ; silex, C ; calcaire en sable ou en petits cailloux, CC ; les poudingues, C ; et les gompholites, C

dans le conglomérat et dans les molasses. Les limons, les calcaires marneux d'eau douce, les
grès micacés et les molasses passent tous les
jours à l'état de sable, et les sables, à leur tour,
s'agglutinent et forment des grès récents, des poudingues et des gompholites, suivant la nature du
ciment et celle des roches cimentées. Les roches
alpines suivantes sont assez communes, mais on ne
les rencontre qu'en petits cailloux roulés de la
grosseur d'un poids à celle d'une fève ; quarzite,
C ; gneiss, R ; granite, R.; micaschiste, AC ; stéa-
schiste, CC ; amphibolite, R ; serpentine, R.
Presque toutes ces roches alpines sont éparses,
soit dans les marnes et les argiles, soit dans la
partie supérieure de la molasse.

HYDROGÉOLOGIE.

Le terrain tertiaire du Jura, généralement horizontal et en plaine, sur une latitude moyenne
de 250 mètres, ne produit pas de sources à sa
surface. L'eau pluviale qu'il reçoit se divise en
deux parts très-inégales. La plus grande part ne
pénètre pas dans le sol, attendu l'imperméabilité
presque complète de la partie supérieure de ce
terrain, qui forme généralement la surface de la
Bresse. Les eaux, suivant la pente du sol, s'écou-
lent avec une rapidité plus ou moins grande, par
des milliers de rigoles, de biefs, de ruisseaux
qu'elles se sont formés, et en quelques instants

9*

grossissent par des pluies torrentielles les rivières où elles se déversent par des milliers d'af-
fluents. Si le sol est concave et sans déversoir
naturel, l'eau s'étend en nappe à sa surface et
forme ces étangs si nuisibles à la salubrité pu-
blique. La plus petite partie d'eau pluviale s'in-
filtre lentement dans le sous-sol, formé généralement par la molasse et les sables siliceux, baigne
ses deux couches à un niveau horizontal qui
s'élève ou s'abaisse suivant la sécheresse ou l'humidité, et alimente ainsi les nombreux puits qui
seuls fournissent de l'eau potable.

Cette nappe aquatique forme, en dehors du sol
bressan, une multitude de petites sources qui sour-
dent toutes immédiatement au-dessus de la couche des argiles n° 9, le long du talus de la Bresse,
dans la vallée du Doubs et de la Loue. Elle est
généralement rougeâtre, ferrugineuse ; le limon
qu'elle dépose offre la composition moyenne suivante : poids du limon par litre, 3 grammes ;
carbonate de chaux, 24 ; sulfate de chaux, 7 ; silice, 17 ; carbonate de magnésie, 3 ; chlorure et
azotates, *traces* ; silice et alumine, 36 ; matières
organiques, 6 grammes. Cependant l'eau des
puits de la Bresse est réellement excellente pour
les usages domestiques, surtout si ces puits sont
assez profonds et si l'eau n'est pas amenée à la
surface du sol par une *pompe.* Leur profondeur
doit nécessairement varier suivant l'élévation de
la surface ou suivant le nombre de couches géologiques à traverser.

La condition essentielle des puits de Bresse, pour fournir constamment de l'eau excellente, est que le fond soit placé sur la couche n° 9 *imperméable,* ou *un peu au-dessus.* S'il en était à une trop grande distance, la nappe liquide souterraine, par une sécheresse prolongée, pourrait ne pas l'atteindre; si, au contraire, le fond du puits plongeait dans l'argile à plusieurs mètres, il y formerait un godet vaseux où l'eau acquerrait rapidement et conserverait toujours la collection complète des défauts des eaux stagnantes.

Si la surface du sol est formée par la couche n° 3, le puits doit se creuser à plus de 25 mètres; si cette surface est fournie par la couche n° 5, le puits n'aura à traverser que 10 à 12 mètres pour atteindre la couche n° 9 ci-dessus désignée ; qui forme le fond de l'immense cuvette sur laquelle s'étend la nappe d'eau souterraine dans la plaine, sous les monticules bressans; les argiles à lignites du n° 3 peuvent se rencontrer à une faible distance de la surface et ne doivent pas être confondues avec celles du n° 9. Arrêter le creusement du puits sur cette couche n° 3, serait se donner de l'eau *seulement par les grandes pluies.* Dans les parties basses, le long des rivières, comme dans les environs de Blétterans, les puits se trouvent dans de bonnes conditions à une profondeur de 4 à 5 mètres seulement, parce que la surface du sol est généralement formée d'alluvions qui ont remanié et souvent corrodé les sables siliceux constamment baignés par la nappe d'eau de la Bresse.

Nous le disons une fois pour toutes, il est très-essentiel d'éloigner des puits les fumiers et toutes les matières animales ou végétales en décomposition.

L'eau des puits, quelle qu'en soit la pureté, offre toujours un goût particulier, caractérisé surtout par une fadeur prononcée, qui amène une digestion difficile. Le *défaut d'air en dissolution dans le liquide en est la principale cause,* outre l'infusion des matières végétales et animales. Cette eau, amenée à la surface du sol par une pompe, présente surtout l'inconvénient ci-dessus, attendu que le liquide chemine et s'élève en dehors du contact de l'air atmosphérique. Le système primitif des deux seaux aux extrémités d'une corde roulant sur un arbre ou une roue est encore le meilleur, car il agite l'eau et lui permet de se munir d'une certaine quantité d'air, qu'on pourrait augmenter en battant le liquide ou en l'exposant à un courant aérien dans un endroit frais.

On a eu plusieurs fois la pensée de creuser des *puits artésiens* dans les couches de la Bresse, afin de se procurer une eau plus abondante et s'élevant d'elle-même à la surface du sol. Hâtons-nous de détruire cette illusion, qui pourrait entraîner les communes ou les particuliers dans des dépenses que les lois géologiques, comme l'expérience, affirment positivement ne devoir aboutir à rien.

AGRICULTURE.

Les lambeaux tertiaires de la montagne occupant une surface très-restreinte, nous dirons seulement en passant que les sables marins de la molasse de Fort-du-Plasne et de Foncine-le-Haut pourraient servir d'amendement mécanique, soit aux argiles des bas-fonds, soit aux terres calcaires du voisinage. Ils renferment, du reste, une certaine quantité de phosphate de chaux qui peut servir d'engrais. Quant aux terrains tertiaires de la Bresse, par la grande surface cultivée qu'ils présentent en plaine et à une faible altitude variant entre 250 et 280 mètres, leur importance agricole est très-grande et mérite une attention spéciale. L'humidité du sol ne permet pas à la vigne des produits abondants et de bonne qualité. Les belles forêts d'Arne, de Chaux, de Rahon, de Gatey, d'Amont, renfermant des arbres d'une grande vigueur et d'une taille plus qu'ordinaire, prouvent que le sol siliceux ou silicéo-argileux tertiaire est très-favorable à la culture arborescente : les racines des arbres plongent à de grandes profondeurs dans les assises siliceuses, où elles trouvent toujours une assez forte dose de principes nutritifs.

La principale culture de la Bresse consiste en céréales, dont le rendement est toujours au-dessous de la moyenne, par suite de la constitution mécanique ou chimique du sol, qui porte en moyenne

57 habitants et offre 2,105 fr. de revenu imposable par kilomètre carré. La valeur vénale moyenne par hectare varie entre 800 et 1,200 fr., et le revenu net annuel est de 25 fr. par hectare. Le langage de ces chiffres est significatif et prouve suffisamment que l'agriculture du terrain de la Bresse laisse beaucoup à désirer.

Le limon jaune et surtout les argiles à lignites, mélangés par la culture et par les agents atmosphériques avec les sables siliceux de la molasse, forment un terrain imperméable qui retient parfaitement l'eau pluviale lorsque le sol est concave. Il est alors couvert d'étangs et de mares où se développent, pendant les chaleurs de l'été, une quantité prodigieuse d'animaux aquatiques dont les dépouilles, ajoutées aux plantes marécageuses, également abondantes, produisent un limon qui, au bout de 2 ou 3 années, peut permettre une récolte ordinaire. On empoissonne habituellement pendant trois ans ces étangs temporaires, sur lesquels on récolte alternativement le poisson et les céréales. Ce mode de culture dispense des engrais; mais il est aussi très-insalubre et les produits en poissons deviennent souvent impossibles à réaliser avantageusement, attendu la difficulté de transporter une semblable récolte, qui ne peut se conserver. Ce système de culture, défectueux sous plus d'un rapport, *tend à disparaître chaque jour.* La molasse marine, s'effritant à l'air, donne un sol sablonneux très-sec, presque impropre à la culture. Il serait essentiel de le mélanger avec les argiles

voisines et surtout avec les marnes du vignoble.
Nous appelons de tous nos vœux la voie ferrée de
Lons-le-Saunier à travers la Bresse; elle permettra
d'exploiter nos riches marnières du vignoble au
profit de cette contrée qui, par ce moyen, peut
devenir le jardin du Jura et tripler la valeur vénale de ses terres. Les argiles à mastodontes apparaissent sur plusieurs points de la surface bressane, notamment dans les cantons de Chaumergy
et de Bletterans; elles donnent des sols arables
trop compactes et d'un produit presque nul, surtout dans les années humides qui sont les plus
nombreuses dans le Jura.

Ces argiles pourraient être mélangés aux sables
siliceux, qui en détruiraient la compacité; mais il
faudrait y introduire l'élément calcaire, soit par la
marne, soit par la chaux. Les marnes ou argiles
blanchâtres au-dessus des lignites, renfermant ordinairement un peu de chaux, sont très-propres à
ces amendements. Les terres rouges, formées d'argile ferrugineuse, compacte, sont absolument im-
propres à l'agriculture.

Un fait capital, qui doit mettre sur la voie de
la régénération agricole dans la Bresse, c'est la
différence que présentent comme rendement et
par suite comme valeur vénale les terrains de Bresse
qui renferment du calcaire avec ceux qui n'en renferment pas. Les premiers se chargent de magni-
fiques récoltes, et les derniers étalent au soleil des
plantes étiolées, qui parviennent rarement à cou-
vrir la terre. Les argiles à lignites inférieures of-

frent une précieuse ressource, comme amendement et comme fumure, par la chaux et les matières organiques qu'elles renferment ; mais l'amendement le plus indispensable est le drainage des surfaces argileuses, accompagné du desséchement définitif des étangs perpétuels et temporaires.

Nous avons constaté qu'en général la quantité d'engrais produite et donnée à la terre dans la Bresse était au-dessous de la moitié du total exigé.

Les fourrages, réussissant mal sur le sol non calcaire de cette contrée, y sont de mauvaise qualité et ne permettent pas actuellement d'y entretenir le nombre de têtes de bétail nécessaire à la production du fumier que réclameraient ses terres ; mais on pourrait y remédier par la culture des betteraves fourragères, qui y donnent ordinairement une bonne moyenne de récolte. Au reste, l'emploi des amendements calcaires, que nous recommandons avec tant d'insistance, permettrait de créer des prairies artificielles et par suite d'entretenir un bétail plus nombreux, de produire des engrais en plus grande quantité et d'obtenir les récoltes hors ligne que comporte la topographie et l'altitude de cette intéressante surface.

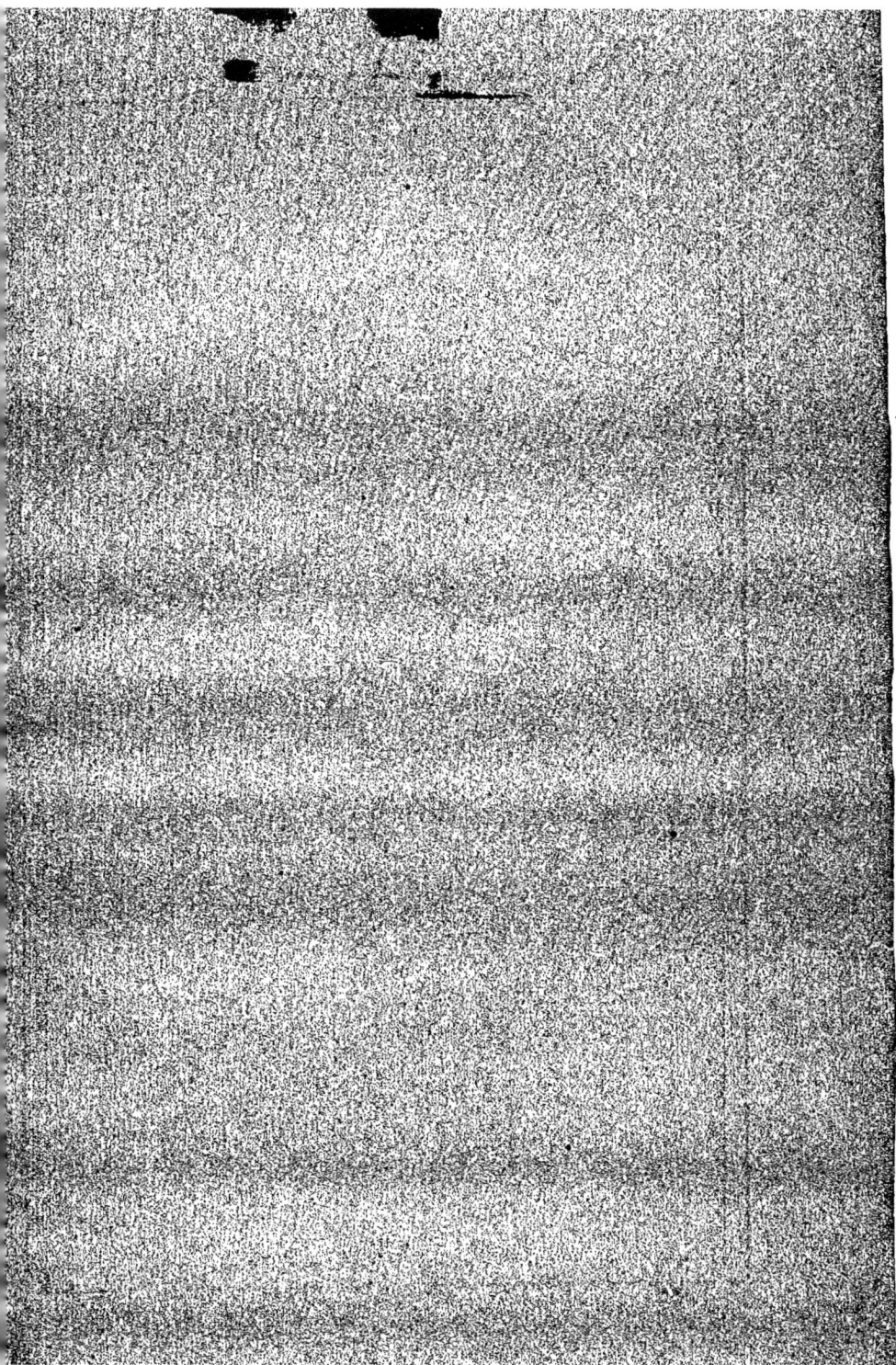